PROPRIÉTÉS DU TABAC.

ANALYSE DE LA POUDRETTE.

THÉORIE DE LA VITRIFICATION.

PROPRIÉTÉS
DU TABAC.
ANALYSE
DE LA POUDRETTE.
THÉORIE
DE LA VITRIFICATION.

PAR B. G. SAGE,

CHEVALIER DE L'ORDRE ROYAL DE SAINT-MICHEL,
DE L'ACADÉMIE ROYALE DES SCIENCES DE PARIS,
FONDATEUR ET DIRECTEUR
DE LA PREMIÈRE ÉCOLE DES MINES.

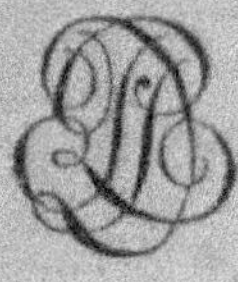

A PARIS,
DE L'IMPRIMERIE DE P. DIDOT, L'AÎNÉ,
CHEVALIER DE L'ORDRE ROYAL DE SAINT-MICHEL,
IMPRIMEUR DU ROI.
1821.

PRÉLIMINAIRE.

ÉTANT parvenu à l'âge de quatre-vingt-trois ans, et approchant du terme de la vie, j'ai cru devoir retracer la carrière que j'ai parcourue.

Je suis né à Paris le 7 mai 1740. J'ai fait mes études au collége Mazarin; j'ai suivi à quinze ans les cours de physique de l'abbé Nollet; j'ai étudié la botanique sous Antoine et Bernard de Jussieu; j'ai suivi les cours d'anatomie sous Sabatier; j'ai étudié la chimie sous Guillaume Rouel. C'est à cette dernière science que je me suis principalement adonné.

J'ouvris, à l'âge de vingt ans, un cours public et gratuit de minéralogie docimastique. Dès ce temps je fis hommage à l'académie des sciences des découvertes que que je faisais, ce qui la détermina à m'admettre, à l'âge de vingt-huit ans, au nombre de ses membres, en me désignant pour remplir la place vacante par la mort de Rouel.

Desirant fixer en France la minéralogie et la docimasie, je fis connaître au ministère que, pour y parvenir, il fallait créer une chaire pour enseigner ces sciences : elle me fut confiée.

Quoiqu'il se fût formé dans mon école des hommes distingués par leur mérite, tels que les Roméo de Lille, les Demeste, les Chaptal, etc. je reconnus que je n'avais pas rempli le but que je m'étais proposé, qui était de former des ingénieurs propres à diriger l'exploitation des mines; et qu'on ne pouvait parvenir à ce but qu'en donnant aux jeunes gens qui se livreraient aux études des sciences relatives, l'espoir d'un sort prochain.

Cette proposition fut adoptée par Louis XVI, qui fonda en 1783 l'école des mines, et douze éléves payés par l'état. Le roi me chargea de diriger cette école, d'où sont sortis des hommes distingués par les connaissances qu'ils ont acquises et les services qu'ils ont rendus à la métallurgie.

C'est afin de consacrer les bienfaits de Louis XVI, que j'ai élevé à sa mémoire un des beaux monuments de l'Europe, le cabinet des mines à la Monnaie, qui offre la première collection qui ait servi à l'instruction publique : tout ce qu'elle renferme a été acheté de mes deniers, et rien ne provient des dépouilles des malheureuses victimes de la révolution. J'ai placé dans ce monument le buste en marbre de Louis XVI, fait par le célèbre Houdon.

Je me plais à payer ici un tribut de reconnaissance aux élèves qui m'ont témoigné leur attachement, en faisant couler mon buste en bronze, et en mettant sur le cipe pour épigraphe : *Discipulorum pignus amoris.*

Je n'ai dirigé l'école royale des mines que pendant sept années, jusqu'à l'époque de la révolution. Trois élèves m'ayant témoigné de l'insubordination, je leur signifiai qu'ils ne seraient plus reçus dans mon école. J'ignorais qu'ils étaient révolutionnaires, et dirigés par des membres du comité de salut public, qui les désigna agents des mines. C'est à cette époque que je fus éliminé, précipité et détenu dans un cachot infect, où j'ai commencé à perdre la vue. On me priva en même temps de ma place de commissaire pour l'essai des mines, place qui avait été créée pour M. Hélot, de l'académie des sciences, laquelle me nomma pour le remplacer.

J'ai été privé, il y a plus de trente ans, du traitement de deux mille francs affectés à ma chaire de minéralogie, que M. Le Brun, archi-trésorier (1), fit supprimer par un décret de l'assemblée constituante, décret qui ordonnait aussi la translation de mon école et de mon cabinet au Jardin des plantes.

En 1797, le directoire exécutif, indigné de la manière dont j'avais été dépouillé de

---

(1) M. Le Brun, duc de Plaisance, était alors président du comité des finances de l'assemblée constituante.

ma fortune, me gratifia de six mille francs annuels, payables par les ponts et chaussées, dont les éléves suivaient mes cours depuis plus de vingt années; traitement qui m'a été supprimé par le ministre Chaptal.

Lors de la nouvelle organisation du corps des mines, M. le comte de Lhaumond, qui en était alors directeur, ne me porta pas sur l'état du personnel, quoique ce fût moi qui avais obtenu la fondation de ce corps en 1783.

Privé de ma fortune, je demandai à M. de Montalivet, en 1810, de m'aider, sur les fonds destinés aux encouragements, à imprimer mes Institutions de physique et de minéralogie. Ce ministre convint avec M. de Lhaumond que six mille francs me seraient remis sur les redevances des mines. Leur écrit, que je conserve, me l'annonçait. Ayant appris que ces redevances avaient produit huit cent quarante mille francs, je réclamai la somme qui m'avait été promise. Je n'obtins rien, parcequ'on avait donné les huit cent quarante mille francs à Bonaparte.

Malgré les réclamations que j'ai faites aux différents ministres de l'intérieur qui se sont succédé, de me restituer cette somme promise et nécessaire, je n'en ai reçu aucune réponse. Mais j'espère que, d'après l'équité, on se fera honneur de me faire payer.

En 1815, M. de Vaublanc, ministre de l'intérieur, m'a écrit qu'il m'annonçait *avec regret* que je ne jouirais pas des trois mille francs qui m'avaient été accordés pour m'aider à remplir les engagements que j'avais contractés pour terminer le musée des mines.

J'avais une rente viagère de cinq mille francs pour la cession au gouvernement d'une partie de ma collection de minéraux: en 1796 elle fut réduite au tiers. On voit par ce que je viens de citer que j'ai été dépouillé de toute ma fortune, qui consistait en vingt-quatre mille livres de rente.

Privé de la vue, et ayant eu le malheur

de me casser la cuisse, je sollicitai des secours auprès du ministre M. Decazes, en invoquant son humanité; mais je n'en ai obtenu aucune réponse.

Je croyais que les services que j'ai rendus à la chose publique, par plus de soixante années de professorat, par les ouvrages que j'ai publiés, par la fondation d'un établissement utile qui manquait à la France, et par l'érection d'un monument qui y fait honneur, me mettraient dans le cas d'espérer que mes demandes seraient prises en considération.

Je dois le bonheur dont j'ai joui aux bienfaits de Louis XV, à la munificence de Louis XVI, et à Sa Majesté Louis XVIII la décoration de l'ordre de Saint-Michel.

Liste chronologique des ouvrages que j'ai publiés dans l'espace de cinquante-deux années.

1769. Examen chimique. 1 vol. in-8.
1772. Éléments de minéralogie. 1 vol. in-8.
1773. Mémoires de chimie. 1 vol. in-8.
1776. Analyse des blés. In-8.
1778. Mémoire sur les effets de l'alcali volatil fluor. In-8.
1780. Art d'essayer l'or et l'argent. In-8.
1784. Description du cabinet royal des mines à la Monnaie. 1 vol. in-8.
1786. Analyse chimique et concordance des trois règnes. 3 vol. in-8.
1787. Supplément à la description du cabinet des mines. 1 vol. in-8.
1802. De la terre végétale et des engrais. In-8.
1807. Recherches sur le voltaïsme. In-8.
1807. Description d'objets d'arts. In-8.
1808. Observations sur les paratonnerres. In-8.
1808. Conjectures sur le voltaïsme. In-8.
1808. Des mortiers ou ciments. In-8.
1809. *Idem* avec additions. In-8.
1809. Expériences sur la chaux vive. In-8.
1809. Observations sur l'emploi du zinc. In-8.
1809. Propriétés de l'électricité. In-8.

1809. Origine des montagnes. In-8.
1810. Marmorillo. In-8.
1810. Contagion nomenclative. In-8.
1811. Moyens de remédier aux poisons. 1 v. in-8.
1811. Institutions de physique. 3 vol. in-8.
1812. Supplément aux Institutions de physique. 1 vol. in-8.
1813. Opuscules de physique. In-8.
1813. Exposé de mes découvertes. In-8.
1814. Traité des pierres précieuses. In-8.
1814. Conduite des ministres envers moi. In-8.
1815. Origine des globes de feu. In-8.
1815. Nature du gaz électrifiable. In-8.
1815. Opuscules de physique. In-8.
1815. Formation de l'air. In-8.
1816. Vérités physiques. In-8.
1816. Formation de la terre végétale. In-8.
1816. Probabilités physiques. In-8.
1816. Opuscules historiques et physiques. In-8.
1816. Description de mon cabinet d'objets d'arts. 1 vol. in-8.
1817. Mémoires historiques. In-8.
1817. Précis des Mémoires sur l'eau de mer. 1 vol. in-8.
1817. Analyse de l'eau de mer. In-8.
1817. Expériences sur la non innocuité de l'eau de mer. In-8.
1817. Propriétés de l'eau de mer. In-8.

1817. De la destruction des animaux. In-8.
1817. Fondation de l'école des mines. In-8.
1817. Formation des monts ignivomes. In-8.
1818. Formation du sel marin. In-8.
1818. Opuscules chimiques. In-8.
1818. Pétition au ministre de l'intérieur. In-8.
1819. Énumération de mes découvertes. In-8.
1819. Mélanges historiques. In-8.
1820. Notice biographique. In-8.
1820. Supplément à la Notice biographique. In-8.
1820. Analyse du lait de vache. In-8.
1821. Lettre à M. Ferguson. In-8.
1821. Moyen de compenser le tort que l'on m'a fait. In-8.
1821. Propriétés du tabac. Analyse de la poudrette. Théorie de la vitrification. 1 vol. in-8.

MOYEN DE COMPENSER LE TORT QUE L'ON M'A FAIT PENDANT ET DEPUIS LA RÉVOLUTION.

En 1810 le corps des mines fut réorganisé, et la formation qu'il reçut est celle qui subsiste encore aujourd'hui.

Des intrigues, que je ne veux point approfondir, empêchèrent le conseiller d'état, directeur-général de cette partie, de me proposer à la nomination du gouvernement, ainsi qu'il en eut d'abord l'intention.

Je fus donc éliminé d'un corps qui, originairement, devait à mes sollicitations d'avoir été créé par le roi Louis XVI. On oublia tout ce que j'avais fait pour l'avantage des mines en général : la fondation de la première école, les élèves pensionnés, et mes soins qui avaient en partie formé les hommes qui font tant d'honneur aux mines.

J'ai donc été fondé à faire des réclamations; je les ai présentées plusieurs fois, parceque je n'ai pu penser que leur justice ne serait jamais aperçue.

J'ai demandé que l'on me donnât le titre, qui m'est bien dû, d'*inspecteur-général honoraire*, en y joignant, comme *retraite acquise*, le traitement des inspecteurs-généraux en activité.

Si l'on veut bien considérer que même avant le temps où j'ai cessé de faire partie du corps des mines, j'avais plus de trente ans de service à faire valoir; que certes je n'ai démérité d'aucune manière; et qu'enfin j'ai beaucoup perdu par la suppression des places ou traitements qui m'avaient été donnés, on jugera combien ma demande est fondée.

PROPRIÉTÉS DU TABAC.

PARMI les végétaux il n'y a que les feuilles de nicotiane (1) qui puissent passer à l'état de tabac, par l'espéce de fermentation qu'on leur fait éprouver, à l'aide de laquelle ces feuilles prennent une teinte brunâtre, due à la terrification d'une partie du tissu végétal; tandis que l'albumine qui fait partie de ces feuilles se modifie, par la putréfaction, en un sel ammoniac particulier d'où se dégage de l'alcali volatil.

Quoique la nicotiane soit indigène à l'Amérique, elle est cultivée dans tous les climats; plus ils sont chauds, plus le tabac qui en résulte a de force.

(1) M. Nicot, ambassadeur en Portugal, a apporté le premier en France des semences de tabac, qui venaient de la Floride.

Lorsque la fermentation des feuilles de nicotiane est accomplie, on prend la pâte brune qui en résulte, qu'on roule en cilindres d'un pouce de diamétre ; on les réunit en les comprimant dans des moules cylindriques : après en avoir retiré les colonnes qu'elles produisent, on les ficelle circulairement, afin de prévenir la séparation des boudins (1) : ainsi confectionnées, elles se nomment carottes ou bouts de tabac.

On a recours aux rapes pour les diviser, aux moulins et aux tamis pour les réduire en poudre. C'est dans cet état que le tabac est employé comme sternutatoire.

On commença à faire usage du tabac en 1600. Vingt-trois ans après, le parlement rendit un arrêt pour le défendre (2).

---

(1) On vendit d'abord des portions de ces boudins, qu'on réduisait en poudre avec de petites rapes portatives.

(2) En 1623 le pape Urbain défendit de prendre du tabac dans les églises, parceque les éternuments qu'il

Le tabac connu sous le nom de *demi-tors*, est formé de cylindres de deux lignes de diamètre, roulés circulairement, de manière à former de petits barils de trois pouces de hauteur sur dix-huit lignes de diamètre. Ce tabac est employé pour la mastication, nommée *chiquer* par les fumeurs.

Regnard rapporte, dans son Voyage en Laponie, que les habitants de cette contrée, après avoir mâché du tabac, l'expriment, et le conservent derrière leurs oreilles, d'où ils le retirent lorsqu'ils veulent le mâcher de nouveau.

Lorsqu'on mâche du tabac ou qu'on aspire sa fumée par la bouche, il agit comme émonctoire (1), en irritant les glandes salivaires, ce qui fait beaucoup cracher.

La pipe ordinaire est composée d'un

---

procurait occasionaient de la distraction parmi les fidèles.

Dans le même temps Amurat IV ordonna de couper le nez à ceux qui feraient usage de tabac.

(1) Émonctoire, moyen de déterminer une sécrétion qu'on regarde comme inutile.

tube qui a dix pouces de long, terminé par un petit godet nommé fourneau, qu'on remplit de tabac haché : on y met le feu, qui est entretenu par l'aspiration de l'air. La fumée produite par cette ustion remplit la bouche; mais on est contraint de la rejeter, parcequ'elle est très irritante.

Ce qui est désigné sous le nom de tabac haché, ce sont des feuilles de nicotiane altérées par la fermentation, lesquelles n'ont pas été roulées.

Le fourneau des pipes destinées aux matelots est terminé par une petite grille à charnière, propre à prévenir la chute du tabac embrasé.

Il est défendu sur mer de fumer des cigarres, qui offriraient des dangers plus éminents, puisque le chalumeau de paille et le tabac dont il est enduit se charbonne simultanément, et se détache.

Il paraît que le mot cigarre a été donné à cette espéce de pipe par les habitants de l'île de Cuba, qui nomment le tabac cigarros.

Les Indiens nomment calumet les pipes dont ils font usage, lesquelles ne diffèrent des nôtres qu'en ce qu'elles sont plus ornées.

On débite à Vénézuella, sous les noms de *mo* et *chimo*, un extrait de tabac mêlé de natron. Cet extrait se prépare dans les terres fermes de l'Amérique, dont les habitants font fermenter les feuilles vertes de nicotiane, qu'ils réunissent en tas, dont ils expriment le suc, qu'ils évaporent jusqu'à consistance d'extrait solide, qu'ils mêlent avec du natron ou soude blanche, qu'ils retirent de leurs lacs; lequel natron sert à développer l'alcali volatil du sel ammoniac contenu dans le tabac (1). Ces Américains mâchent de petits morceaux de chimo pour exciter la salive.

Le nombre des fumeurs s'est si multiplié

(1) Les débitants de tabac font aussi usage à Paris de chaux éteinte ou d'alcali fixe, pour donner plus de montant à leur tabac; ce qui a lieu parceque le sel ammoniac qu'il contient est décomposé par ces alcalis.

à Paris, qu'on voit dans presque toutes les rues des tavernes ou tabagies, connues aussi sous le nom d'estaminets, où l'on fume, boit, et joue.

Il se débite en France une si grande quantité de tabac, qu'elle rapporte annuellement plus de quarante millions au trésor public.

L'expérience suivante fait connaître que la fumigation de tabac offre un sûr moyen de détruire les miasmes pestilentiels.

En 1793, la convention convertit en prison le réfectoire des bénédictins de l'abbaye Saint-Germain-des-Prés : les croisées en furent murées à une telle hauteur, que le jour y parvenait à peine; ce qui en fit un long cachot, où l'on n'avait pas même ménagé de courant d'air. A son extrémité étaient des baquets destinés à recevoir les déjections de cent trente prisonniers, dont les châlis, rangés sur plusieurs lignes, occupaient presque tout le sol de ce cachot.

L'odeur des mets, unie à celle des déjections et à l'émanation des corps des prisonniers, rendaient cet air infect; il était en outre méphitisé par l'air décomposé qui s'exhalait des poumons des détenus. Ayant été précipité dans ce cachot infect par un mandat du comité de salut public, je ne pus m'empêcher de m'écrier : On ne peut exister dans pareille atmosphère. Ayant été consulté pour savoir s'il n'y avait pas un moyen de prévenir la contagion pestilentielle, je dis que je ne connaissais que celui qui avait été indiqué à Athènes par Hippocrate dans les temps de peste; moyen qui consistait dans la fumigation de plantes odorantes dans la chambre des malades. Quant à moi, je dis qu'on rendrait moins nuisible l'atmosphère infecte dans laquelle nous étions, en la modifiant par la fumigation du tabac. On s'arma de pipes, de sorte que la fumigation était presque continuelle.

Pendant près de quatre mois que j'ai été détenu dans ce cachot, il ne se manifesta ni fièvre ni maladies parmi les cent trente détenus.

Je rendis compte de ce fait au comité de salut public, en lui annonçant que l'atmosphère de ce cachot serait absolument pestilentielle pendant l'été, ce qui fit transférer les prisonniers dans le couvent des Carmes.

Le tabac ne peut être pris intérieurement sans produire l'inflammation de l'estomac, suivie de la mort. Celle de Santeuil en est un exemple. Ce poëte ayant été invité, en 1697, par le prince de Condé et son fils, à une tenue des états de Bourgogne, vers la fin d'un repas on imagina qu'on exciterait la faconde (1) de Santeuil en mettant une prise de tabac d'Espagne dans un verre de vin de liqueur, qu'il eut le malheur d'avaler ; ce qui lui procura la mort au bout de quatorze heures, à soixante-six ans.

Le tabac d'Espagne a une teinte d'un jaune rougeâtre. On compte plus de mille ouvriers dans la manufacture royale de

(1) Faconde, débit de propos joyeux.

Séville, où on le prépare. Il doit sa couleur à une terre bollaire rouge, et sa division aux moulins dans lesquels il passe.

Il est ensuite renfermé dans des boîtes de fer-blanc, et se vend huit francs la livre.

On voit, par ce qui est exposé dans ce mémoire, que le tabac est sternutatoire lorsqu'il est aspiré par le nez, dont il irrite la membrane pituitaire; qu'il est émonctoire quand on aspire par la bouche la fumée qu'il répand lorsqu'il brûle dans le fourneau de la pipe.

Le tabac qu'on mâche agit aussi en irritant les glandes salivaires, ce qui produit la sécrétion des crachats.

La fumigation du tabac doit être regardée comme antipestilentielle, puisqu'elle modifie les miasmes putrides.

Il faut bien se garder d'avaler du tabac, car il procure aussitôt des douleurs insupportables, produites par l'inflammation de la tunique nerveuse de l'estomac, ce qui donne la mort en peu d'heures.

Le tabac agissant à-la-fois par le sel ammoniac qu'il contient, et par l'alcali volatil qui s'en dégage, on pourrait peut-être remédier à son effet délétère par l'emploi de boissons et de lavements acidulés.

ANALYSE
DE
LA TERRE VÉGÉTO-ANIMALE,
NOMMÉE POUDRETTE,
EMPLOYÉE COMME ENGRAIS PAR LES AGRICULTEURS.

LA poudrette n'est autre chose que de la gadoue desséchée et passée au moulin : la fermentation qu'elle a éprouvée pendant sa dessication la prive de son odeur ; elle se trouve alors en partie terrifiée et noirâtre, comme la terre végétale nommée humus.

Si l'on met de la poudrette dans un test rougi au feu, il s'en dégage une odeur de corne brûlée.

J'ai soumis à la distillation, dans une cornue, au fourneau de réverbère, six cents grains de poudrette, ayant eu le soin d'adapter au col de cette rétorte un petit fuseau terminé par un récipient : il se dégagea d'abord de l'alcali volatil concret blanc, qui tapissa les parois du fuseau; il passa ensuite de l'eau rougeâtre chargée d'acide, qui a dissout l'alcali concret, et en dernier une huile rouge légère. Le charbon qui restait dans la cornue pesait six gros et demi, ce qui représente près des trois quarts de la poudrette.

Ces produits n'ont point d'odeur désagréable : le fluide coloré étant goûté imprime une saveur semblable à celle du sel ammoniac.

La dissolution de terre pesante m'a décelé dans cette liqueur colorée la présence de l'acide vitriolique, et la dissolution d'argent celle de l'acide marin.

Il en résulte que le sel ammoniac qui est tenu en dissolution est formé par ces deux acides combinés avec l'alcali volatil.

Le charbon qui restait dans la cornue ayant été mis dans un test rouge de feu, a encore répandu une odeur de corne brûlée. La cendre qui restait dans le test avait pris une teinte grisâtre, due au fer qu'elle contient, lequel est attirable par l'aimant.

Ce charbon, après avoir été incinéré, ne s'est trouvé peser que cent trente grains.

Cette cendre contient la moitié de son poids de quartz blanc divisé, et autant de terre calcaire calcinée, qui est cause de la saveur qu'elle imprime lorsqu'on la goûte.

Cette analyse fait connaître que la poudrette contient par quintal :

	parties.
Terre calcaire.	25
Quartz.	25
Fer.	2
Matière animale cartilagineuse.	48
Et une très petite portion d'or.	
	100

Si la poudrette agit comme engrais, c'est par l'espéce de matière cartilagineuse qu'elle contient, laquelle, n'étant susceptible que d'une terrification lente, exhale des principes qui stimulent la végétation.

On prépare en Normandie un engrais connu sous le nom de *main*, en mêlant du varec avec de la litière.

J'ai fait connaître que le varec, loin d'être un *fucus*, était une production marine, un madrépore flexible, qui avait pour base la moitié de son poids d'un réseau cartilagineux, dont la destruction lente en formait un engrais.

Il se vend annuellement dans le Forez pour douze mille francs de rognures de corne, qu'on y emploie comme engrais : dans ce cas, il agit d'abord en empêchant la terre de se tasser.

Différentes espèces de terres que j'ai essayées m'ayant produit plus ou moins d'or, j'ai soumis la poudrette aux mêmes expériences; aussi en ai-je obtenu une portioncule de ce métal. C'est dans ce dessein que j'ai procédé à la scorification de la poudrette.

J'ai mêlé cent grains de poudrette incinérée avec quatre gros de minium, dix grains de charbon pulvérisé, et une once de flux noir : ce mélange fondu et refroidi, j'ai trouvé sous les scories un culot de plomb pesant deux cent cinquante grains. Les trente-huit grains qui manquent pour compléter la demi-once sont les acides qui mettaient le plomb à l'état de chaux rouge. Ce plomb ayant été coupellé a laissé une minicule d'argent orifère.

Les alchimistes ont cru qu'il y avait de l'or répandu dans l'atmosphère, sur-tout pendant les équinoxes, et que la matière stercorale des hommes l'attirait. C'est afin de multiplier les surfaces de cette déjection qu'ils en étendaient l'épaisseur d'un demi-pouce sur des plats, où elle se desséchait : la poudre qu'on en détachait était jaunâtre et inodore, et offrait une poudrette ébauchée, laquelle, soumise aux mêmes expériences que la poudrette brune qui résulte de la fermentation de la gadoue, a produit les mêmes résultats. La couleur brune de cette poudrette, semblable à celle de l'humus, est due à la terrification partielle qu'elle a éprouvée.

M. Le Baillif, mon ami, m'a dit avoir connu un alchimiste, lequel, pendant quarante années de sa vie, avait fait sécher ses déjections stercorales dans des plats de porcelaine.

Parmi les chimistes qui ont torturé la matière fécale, on cite Gébert, Borichius, Kumkell, Beccher, Dippel, Orschalle, je n'ai pas connaissance du résultat de leurs travaux.

Je n'ai eu pour but dans ces expériences que de constater la présence de l'or dans la poudrette. Je suis loin de croire qu'il ait été attiré de l'atmosphère par la matière fécale; je pense qu'il a été produit par les substances végétales qui ont servi d'aliments. J'ai fait connaître que l'humus qui résulte de la terrification des plantes, après avoir été scorifié, produisait de l'or, de même que les cendres de sarment, ainsi que celles du bois de hêtre. Voyez la page 79 du troisième volume de mes Institutions.

La suite des expériences qu'exige l'extraction de l'or des matières précitées serait quadruple de la valeur réelle de ce métal.

THÉORIE
DE LA VITRIFICATION.

La fusion est une vraie dissolution des corps opérée par le feu. Si l'acide igné qui s'en dégage trouve à se combiner avec un mélange de sable, d'alcali fixe, et de terre calcaire, cet acide igné s'y incorpore, et devient le *medium* de leur union : il en résulte du verre, qui est susceptible de cristalliser régulièrement, comme je l'ai découvert dans de petites cellules d'un creuset de verrerie à bouteilles.

Ces cristaux, d'une teinte bleuâtre, ont deux lignes de haut sur une de diamètre; leurs extrémités, qui sont tronquées net, offrent une cavité arrondie, entourée d'un rebord hexagone, qui répond aux plans du prisme hexaèdre.

Cette forme est semblable à celle qu'offrent les segments de grands basaltes articulés.

Des cristaux de verre fondu, et comprimés entre la banquette d'un fourneau de verrerie et le fond d'un creuset, d'où s'était écoulé du verre, représentent des cristaux applatis hexagones, apposés aussi régulièrement que les rayons de cire des abeilles.

Je conserve dans mon cabinet ce tesson de creuset, qui a trois pouces et demi de long sur deux et demi de large : on voit sur sa surface plus de deux cents segments de prismes hexagones, de deux lignes et demie de diamètre; ce qui fait connaître que ces cristaux vitreux ont éprouvé, par la pression, une extension de près des deux tiers. Ces segments vitreux hexagones sont séparés par des traits linéaires, et offrent dans leur extérieur des stries bleuâtres, qui se distribuent du centre à la circonférence.

Il est impossible, d'après l'inspection de cette admirable cristallisation vitreuse, de ne pas y trouver du rapport avec ce que la nature a produit en très grand dans les chaussées de basaltes, dont les prismes ont souvent plus de cinquante pieds de haut, comme on le voit dans la grotte de Fingal, dans l'île de Stafa en Écosse.

DÉCOMPOSITION DU SOUFRE PAR L'INTERMÈDE DU FER ET DE L'EAU.

J'ai fait connaître, il y a soixante ans, dans un mémoire que j'ai lu à l'académie des sciences, que lorsqu'on faisait un mélange de huit onces de limaille de fer et d'autant de fleur de soufre, il s'en dégageait une odeur fétide d'hépar décomposé, accompagnée de beaucoup de gaz alcalin rendu sensible sous forme de vapeurs blanches. Lorsqu'on a posé sur ce mélange une capsule où l'on a mis une vingtaine de gouttes d'acide marin, le gaz alcalin offre alors une colonne blanche d'un pied d'élévation sur huit pouces de diamètre.

L'attraction de ce gaz alcalin est faite par l'acide marin qui s'en sature, de sorte que la capsule se trouve incrustée de sel ammoniac.

Sans l'auxiliaire de l'acide marin, le gaz hépatique alcalin serait invisible, et ne se manifesterait que par l'odeur fétide qu'il répand.

Après avoir délayé ce mélange dans douze onces d'eau, on l'a mis dans une assiette creuse : le foie de soufre alcalin a continué à répandre sa mauvaise odeur ; le mélange s'est boursoufflé, échauffé, gercé ; une ouverture s'est faite au centre ; il s'en est élevé une cheminée, d'où s'est exhalée de l'eau réduite en vapeurs, par la chaleur qu'elle contracte en se mêlant avec l'acide vitriolique concentré produit par du soufre décomposé, acide qui est rendu sensible lorsqu'on mêle quelques grains de ce mélange de fer et de soufre dans de la teinture bleue de tournesol, qui rougit aussitôt.

Cette expérience offre en petit un voleau : sa cheminée circulaire, qui a huit lignes de haut sur six de large, représente la bouche ou cratère par où s'exhale le gaz hépatique et l'eau réduite en vapeur.

La décomposition du soufre se produit dans cette expérience lorsque l'acide ignifère, partie constituante du fer, s'empare du flogistique du soufre, d'où résulte du pyrophore, qui détermine l'ignition du soufre. Ce mélange finit par s'embraser ; et le fer, réduit à l'état de chaux, prend une couleur rouge.

Le gaz inflammable qu'on dégage du fer ou du zing, en les dissolvant par l'acide marin ou par l'acide vitriolique affaibli, est produit par la modification qu'éprouve l'acide ignifère, qui est un des principes de ces métaux.

La décomposition simultanée du fer et du soufre à l'aide de l'eau a lieu, dans le sein de la terre, par la décomposition que les pyrites y éprouvent ; ce qui donne naissance aux fumeroles, qui s'annoncent en soulevant la terre ; d'où résultent des monticules plus ou moins élevés, qui se fendillent, et d'où s'exhale du gaz hépatique, accompagné d'une flamme bleuâtre légère qui se résout à l'acide sulfurique qui alune les terres argileuses.

Le Rouergue offre de ces fumeroles : celle de Cranzac est renommée par la quantité d'alun qu'elle fournit au commerce (1).

La solfatare offre une suite de fumeroles semblables aux précédentes ; leurs terres lessivées produisent de l'alun. On fait évaporer la lessive de ces terres dans des chaudières de plomb placées sur les fentes de ces fumeroles, d'où s'exhale assez de feu pour opérer l'évaporation des lessives.

Il s'exhale aussi des fentes des fumeroles de l'eau réduite en vapeurs.

---

(1) Les cailloux qui reçoivent à-la-fois l'impression du feu et de l'acide sulfurique qui se dégage des fumeroles paraissent couverts d'un émail blanc semblable à celui de la porcelaine, ce qui les a fait nommer *porcelanites*.

On nomme étuves ou bains de Néron les chambres où on les a rassemblées.

Les eaux chaudes ou thermales qui sourdent du pied des hautes montagnes doivent leur chaleur et leur odeur hépathique à des fumeroles souterraines.

VOLCANS.

Si l'ignition des pyrites qui donnent naissance aux fumeroles embrase des mines de charbon de terre, ils produisent des feux souterrains qui vitrifient les terres, et donnent naissance aux monts ignivomes, plus connus sous le nom de volcans.

L'apparition de celui qui a donné naissance, en 1538, au Monte-Nuovo, entre les lacs Lucrin et d'Averne, a été précédée de détonnations terribles ; la terre s'entr'ouvrit, et rejeta une si grande quantité de cendres, qu'elle produisit, dans l'espace de quarante-huit heures, un monticule de cent cinquante pieds de hauteur sur trois mille de circonférence. Le cratère de ce volcan avait alors un quart de mille.

Les cendres de volcan sont dues à la fusion de la fritte vitreuse dans le foyer des volcans, laquelle est entraînée par l'eau qui s'y introduit, et est mise en expansion.

La quantité de cendres rejetées par le Vésuve a été si considérable dans l'espace de dix-sept cents ans, que la ville d'Herculanum se trouve couverte de plus de soixante-dix et cent vingt pieds de tufa, nom donné à ces cendres, qui se sont solidifiées lorsque l'eau s'en est exhalée. Il se dégage du Vésuve des vapeurs aqueuses, mêlées de gaz inflammable, qui s'élèvent très haut, et offrent pendant la nuit des gerbes de feu (1). Il règne en outre dans

---

(1) Il s'éleva du Vésuve, le 8 août 1779, une gerbe de feu étincelante de dix-huit mille pieds de hauteur sur une base de six mille.

L'eau, mise en expansion par la chaleur de l'Hécla, en sort bouillante sous forme de gerbe, qui s'élève,

l'atmosphère du Vésuve du gaz acide marin, qui rouille à l'instant le fer et l'acier.

Il s'élance aussi de ce volcan des scories vitreuses cellulaires nommées lapilo et spongiolite, dans lesquelles la vitrification n'est qu'ébauchée. J'en ai séparé, à l'aide de l'acide marin, du quartz blanc divisé, du fer, de la terre calcaire, et du natron, matières qui constituent les frittes vitreuses qui donnent naissance aux laves et aux ba-

---

par intermittence, à la hauteur de quatre-vingt-dix pieds sur cinquante de diamètre.

Le jaillissement de ces eaux est précédé par des détonations. Il y a plus de six cents ans que ces faits ont été observés en Islande.

Joseph Bancks, en parlant de cette contrée, fait mention d'une gerbe d'eau jaillissante, qu'il nomme le Grondant, laquelle s'élève à plus de cent pieds, et que la gerbe qui lui succéda s'éleva encore plus haut, avec la célérité d'une flèche; que cette eau resta dix ou douze minutes en l'air, et retomba dans la coupe d'où elle s'était élevée.

Le jaillissement de ces gerbes d'eau bouillante est toujours précédé par des détonations comparables à celles que produiraient plusieurs pièces d'artillerie qui se succéderaient.

saltes ; lesquelles, ainsi que les scories cellulaires, après avoir été fondues, produisent un bel émail noir, connu sous les noms de pierre obsidienne, d'agate noire d'Islande.

La quantité de laves rejetées par l'Etna en a formé une montagne qui est élevée de dix-sept cent douze toises au-dessus du niveau de la mer; sa base a trente lieues de circonférence : une de ses éruptions a produit entre autres un fleuve de laves de dix lieues de long sur cinq de large, et épais de soixante pieds; il se dirigea vers la mer du côté de Tormina. Ces laves sont susceptibles d'un beau poli.

Les laves s'altèrent à l'air par la succession des temps, ce qui produit une terre noire propre à la végétation. Les vignes cultivées dans cette terre, au pied du Vésuve, produisent l'excellent vin connu sous le nom de *Lacryma Christi*.

Le limon du Nil, si propre à la végétation, est aussi le produit de la destruction des laves : sa couleur est noirâtre.

Quoique j'aie dit que la plus grande partie des laves étaient noires, il y en a qui sont grises, et parsemées de petits cristaux de schorl noir. Telle est celle dont Naples est pavée ; elle est susceptible d'un beau poli : on en fait des tabatières et des urnes.

Quoique les laves du Vésuve, ainsi que celles de l'Etna, n'affectent point de formes régulières, celles du mont volcanique de Gergovia en Auvergne m'en a offert dont voici la description :

1° Lave en prisme à quatre pans ; largeur un pouce, longueur quatre pouces six lignes, épaisseur deux lignes.

2° En prisme à quatre pans apposés les uns sur les autres, dont le premier a cinq lignes d'épaisseur, le second sept, et le troisième neuf.

3° Trois de ses segments apposés offrent deux pouces de hauteur ; le milieu de ses plans a huit lignes. Leur réunion offre un solide rhomboïdal, dont une des extrémités est amincie, tandis que l'autre est tronquée net.

4° En prisme applati à quatre pans, ayant trois pouces et demi de hauteur sur trois pouces de largeur, et six lignes d'épaisseur.

5° En pyramide à quatre pans, de deux pouces six lignes de hauteur, et un pouce de base.

6° En prisme triangulaire, hauteur deux pouces, diamètre cinq lignes.

7° En prisme triangulaire arqué, dont les extrémités sont amincies; hauteur deux pouces et demi; le centre a sept lignes de largeur.

8° En pyramide triangulaire; hauteur quatre pouces, base un pouce et demi.

9° En pyramide triangulaire; hauteur deux pouces et demi, base un pouce et demi.

BASALTE.

Les minéralogistes ont désigné sous le nom de basalte des frittes vitreuses congénères des laves noires, dont elles diffèrent en ce qu'elles offrent de grandes colonnes verticales, apposées les unes à côté des autres par leurs faces, qui sont ordinairement au nombre de six. Ces prismes hexaèdres ont quelquefois plus de cinquante pieds de haut ; leur largeur a depuis dix pouces jusqu'à cinq pieds : ils se trouvent souvent accolés jusqu'au nombre de trente mille, comme on le remarque dans le comté d'Antrim en Irlande, connus sous le nom de pavé ou chaussée des Géants.

N'importe la contrée où l'on trouve des basaltes, tous ont une couleur noirâtre semblable, parceque la fritte vitreuse qui leur a donné naissance est, ainsi que celle des laves, composée de natron, c'est-à-dire d'alcali du sel marin, combiné, par la fusion, avec de la terre calcaire, du sablon, et un peu de terre martiale.

Je ne puis admettre l'opinion de ceux qui ont avancé que les basaltes ont été rejetés par les volcans, puisque leur position est verticale, tandis que les laves rejetées par les monts ignivomes se trouvent déposées plus ou moins horizontalement.

C'est lors de l'intumescence de la fritte qu'elle est rejetée par le cratère du volcan, ou qu'elle s'échappe par ses fentes latérales, ce qui donne naissance aux laves.

La cristallisation du verre de bouteille par compression, me porte à croire que celle des basaltes leur est aussi due, et qu'ils se sont formés par la pression du sol des mers qui a eu lieu sur les frittes accumulées dans les cavernes sous-marines, qui n'ont qu'une issue par où s'introduit le feu, qui est d'autant plus actif qu'il est réverbéré.

La fritte vitreuse ne pouvant point s'échapper de ces fournaises, étant comprimée, prend la forme de prisme hexaèdre; éthiologie que je crois confirmée par le verre de bouteille comprimé pendant sa cuisson.

Les prismes de basaltes sont quelquefois articulés et formés des segments hexagones, qui offrent des cavités arrondies, entourées d'un rebord hexagone. Chaque segment se trouve emboîté, et me paraît indiquer que dans ce cas les prismes ont été formés par l'addition successive de ces segments, dont la forme et les particularités sont en rapport avec celles du verre cristallisé.

L'homme ne peut considérer les volcans comme des bienfaits de la nature, puisque l'eau qui y est mise en expansion par le feu cause les tremblements de terre qui enfouissent des cités entières, et causent le bouleversement d'une partie du globe; mais il faut que le céleste auteur des mondes ait attribué quelque utilité aux volcans, puisqu'il les a si multipliés, et qu'il en existe dans les planètes même.

REMARQUE.

On ne peut se figurer l'immensité des cavernes qui se trouvent dans le sein de la terre qu'en se rappelant ce qui en a été arraché et vitrifié par le feu des volcans ; l'Etna en offre un exemple.

Les volcans peuvent être considérés comme d'immenses fourneaux de verrerie ; le charbon de terre fournit le feu qui les alimente ; l'alcali volatil qu'il produit, se combinant avec l'acide marin, forme du sel ammoniac.

Le sel marin laissé par l'eau des mers qui a été aspirée par le Vésuve, s'y décompose par l'intermède du fer, de la pyrite martiale, et de celui qui colore en noir les laves cellulaires. Le sel martial qui en résulte est jaunâtre, attire l'humidité de l'air, et a été désigné improprement sous le nom d'huile du Vésuve.

Si l'acide marin se combine avec de l'alcali volatil dégagé du charbon de terre, il en résulte du sel ammoniac, qui est abondant dans quelques volcans du Thibet.

Les volcans s'éteignent lorsque les matières combustibles qui alimentaient leurs feux se sont épuisées : il ne reste qu'une cavité proportionnée à celle de leur cratère. Le volcan éteint d'Astruni a six mille pieds de diamètre; toutes ses surfaces offrent des bois habités par des bêtes fauves. Le fond de ce volcan éteint offre une vaste plaine, où l'on voit deux petits étangs.

Les volcans éteints se remplissent le plus ordinairement d'eau ; ils prennent alors le nom de lac. L'Averne est de ce nombre : il a été célébré par les anciens, ainsi que le lac Agnano, dont l'eau est alcaline. Il s'élève sans cesse sur sa surface des bulles de gaz acide méphitique, auxquelles la grotte du Chien doit ses propriétés asphixiantes et délétères.

FIN.

www.ingramcontent.com/pod-product-compliance
Ingram Content Group UK Ltd.
Pitfield, Milton Keynes, MK11 3LW, UK
UKHW020449180726
13839UKWH00004B/1720